"十一五"国家重点图书出版规划项目

数学文化小丛书

李大潜　主编

黄金分割漫话

李大潜

U0183102

高等教育出版社·北京

图书在版编目（CIP）数据

黄金分割漫话／李大潜. —北京：高等教育出版
社，2007.12（2024.1重印）

（数学文化小丛书／李大潜主编）

ISBN 978-7-04-022366-8

Ⅰ. 黄… Ⅱ. 李… Ⅲ. 几何学－黄金分割－普及读物

Ⅳ. O18-49

中国版本图书馆 CIP 数据核字（2007）第 159460 号

项目策划	李艳馥　李　蕊				
策划编辑	李　蕊	责任编辑	崔梅萍	封面设计	王凌波
责任绘图	杜晓丹	版式设计	王艳红	责任校对	王效珍
责任印制	田　甜				

出版发行	高等教育出版社	咨询电话	400-810-0598
社　　址	北京市西城区德	网　　址	
	外大街4号	http://www.hep.edu.cn	
邮政编码	100120	http://www.hep.com.cn	
印　　刷	中煤（北京）印务	网上订购	
	有限公司	http://www.landraco.com	
开　　本	787×960 1/32	http://www.landraco.com.cn	
印　　张	1.5	版　　次	2007年12月第1版
字　　数	23 000	印　　次	2024年1月第21次印刷
购书热线	010-58581118	定　　价	5.00 元

本书如有缺页、倒页、脱页等质量问题，请到所购图书销售部门联系
调换。

版权所有　侵权必究

物　料　号　22366-A0

数学文化小丛书编委会

数学文化小丛书总序

整个数学的发展史是和人类物质文明和精神文明的发展史交融在一起的。数学不仅是一种精确的语言和工具、一门博大精深并应用广泛的科学，而且更是一种先进的文化。它在人类文明的进程中一直起着积极的推动作用，是人类文明的一个重要支柱。

要学好数学，不等于拼命做习题、背公式，而是要着重领会数学的思想方法和精神实质，了解数学在人类文明发展中所起的关键作用，自觉地接受数学文化的熏陶。只有这样，才能从根本上体现素质教育的要求，并为全民族思想文化素质的提高夯实基础。

鉴于目前充分认识到这一点的人还不多，更远未引起各方面足够的重视，很有必要在较大的范围内大力进行宣传、引导工作。本丛书正是在这样的背景下，本着弘扬和普及数学文化的宗旨而编辑出版的。

为了使包括中学生在内的广大读者都能有所收益，本丛书将着力精选那些对人类文明的发展起过重要作用、在深化人类对世界的认识或推动人类对世界的改造方面有某种里程碑意义的主题，由学有专长的学者执笔，抓住主要的线索和本质的内容，由浅入深并简明生动地向读者介绍数学文化的丰富内涵、数学文化史诗中一些重要的篇章以及古今中外一些著名数学家的优秀品质及历史功绩等内容。每个专题篇幅不长，并相对独立，以易于阅读、便于携带且尽可能降低书价为原则，有的专题单独成册，有些专题则联合成册。

希望广大读者能通过阅读这套丛书，走近数学、品味数学和理解数学，充分感受数学文化的魅力和作用，进一步打开视野，启迪心智，在今后的学习与工作中取得更出色的成绩。

李大潜

2005年12月

目　　录

一、引　　言

本书所讲的黄金分割，并不是一件新鲜和时髦的东西，相反，其定义、基本性质及一些重要的应用，可以追溯到遥远的古代．

大家知道，**欧几里得**(Euclid)是公元前3世纪古希腊的数学家，以其所著的《几何原本》而闻名于世．

现在我们中学里学的几何学，本质上还是以《几何原本》为蓝本的．《几何原本》的手稿今已失传，现在看到的各种版本都是根据后人的修改本、注释本或翻译本重新整理出来的，但和《红楼梦》只传下来大半部手稿的情形不同，基本上仍保留了原来的内容和状态．

图1是该书英译本的一个封面．

图2是1607年**利玛窦**和**徐光启**合译的中译本的首页，原书的中文译名《几何原本》也由此一直沿用至今．

图3是最近出版的一个中译本的封面．

这部伟大的经典著作是**欧几里得**根据当时已有的几何知识，从最基本的五条公设、五条公理及一些定义出发，通过严密的逻辑推理整理而成的，这是**欧几里得**的一个永垂不朽的贡献．

《几何原本》共十三卷,其中有多处涉及黄金分割的内容. 在第六卷中讲比例时,给出了如下的定义:

分一线段为二线段,当整体线段比大线段等于大线段比小线段时,则称此线段被分为**中外比**. (A straight line is said to have been cut in **extreme and mean ratio** when, as the whole line is to the greater segment, so is the greater to the less.)

这里指出:黄金分割这一名称只是在它十分出名之后,即到19世纪初期才出现的. 在《几何原本》中只是称为extreme and mean ratio(中译为"中外比"),但这实际上是一回事.

接着,在同一卷中,给出了分已知线段为中外比的方法以及一些有关的性质.

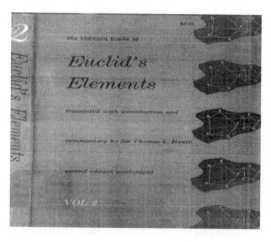

图 1

第八卷整个一卷在讲正十二面体及正二十面体的构成时,反复地利用了中外比及有关的性质(中译本共计39页).

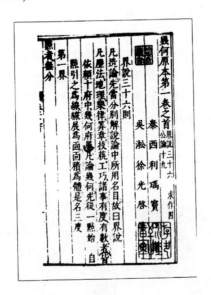

图 2

另外, 在第二卷讲面积以及第四卷讲五边形的构成时也已经涉及中外比.

考虑到**欧几里得**只是系统地总结了当时几何学已有的成就, 所以, 有关黄金分割的概念和知识很可能在2500年前就已经有了.

这样古老的数学内容不仅没有被历史的演变和科学的进步所淘汰, 相反, 却永葆青春, 并越来越引起人们的注意.

古希腊的数学家不必说了, 中世纪的意大利数学家**莱昂纳多·斐波那契**(L. Fibonacci, 约1170—约1250), 文艺复兴时代的德国天文学家**约加恩·开普勒**(J.Kepler, 1571—1630)以及当代的一些著名科学家都对它十分关注, 并投入了大量的精力. **开普勒**说过:

"几何学有两大财富: 一个是毕达哥拉斯定理(勾股定理), 另一个是按照中外比划分一个线段. 第一大财富可称得上是黄金定理, 而第二大财富则可称之为珍珠定理."

通过下面简单的回顾, 我们也可以清楚地看到这一点. 数学的有趣正在这儿, 数学的魅力也正在这儿.

图 3

二、简 单 性 质

在线段 AB 上取一分点 C, 使之符合黄金分割的要求, 就有

$$\frac{\overline{AB}}{\overline{AC}} = \frac{\overline{AC}}{\overline{CB}}. \tag{2.1}$$

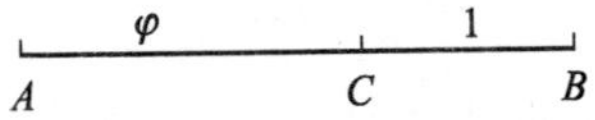

图 4

不妨设

$$\overline{CB} = 1, \overline{AC} = \varphi. \tag{2.2}$$

φ 就是 (2.1) 中的比值, 即**黄金分割率**, 亦称为**黄金分割**.

将 (2.2) 式代入 (2.1) 式, 就得到

$$\frac{\varphi + 1}{\varphi} = \frac{\varphi}{1},$$

即

$$\varphi^2 - \varphi - 1 = 0. \tag{2.3}$$

求解此二次方程, 并略去负根, 就得到黄金分割率的数值

$$\varphi = \frac{1 + \sqrt{5}}{2} \approx 1.618\,033\,988\,7\cdots. \tag{2.4}$$

它是一个无理数. 利用电子计算机, 可以很容易地算出它任意位数的值.

提出两个很简单的问题:

$$\varphi^2 = ?$$

$$\frac{1}{\varphi} = ?$$

答案也很简单:

$$\varphi^2 = 2.618\,033\,988\,7\cdots = \varphi + 1,$$

$$\frac{1}{\varphi} = 0.618\,033\,988\,7\cdots = \varphi - 1.$$

黄金分割率的这一惊奇的数字特性其实是(2.3)式的简单推论.

下面的命题说明 φ 有一个无穷根式的表示.

命题2.1 $\varphi = \sqrt{1 + \sqrt{1 + \sqrt{1 + \sqrt{1 + \cdots}}}}$.

证 设上式右边为 x, 就有

$$x = \sqrt{1 + x}.$$

两端平方后就得到 $x^2 - x - 1 = 0$, 于是 x 是方程(2.3)的正根, 从而 $x = \varphi$. $\qquad\square$

下面的命题说明 φ 还有一个无穷连分数的表示.

命题2.2 $\varphi = 1 + \cfrac{1}{1 + \cfrac{1}{1 + \cfrac{1}{1 + \cdots}}}$.

证 令上式右边为x, 就有

$$x = 1 + \frac{1}{x},$$

从而x是方程(2.3)的正根, 故$x = \varphi$. □

命题2.2的这一结果在本文四中还将用到.

三、正五边形

五条边相等、五个顶角亦相等的五边形称为**正五边形**. 作正五边形的五条对角线可构成一正五角星. 这个五角星内又有一个小正五边形, 由此又可作一个小正五角星. 不难想像, 如此下去, 可以得到无穷多个正五边形和正五角星. 见图5.

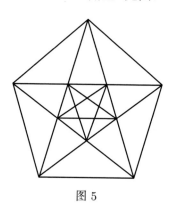

图 5

正五边形是一个有着极其丰富几何内涵的图形, 在很多场合下它被作为美丽与完美的象征, 又是吉祥物的标志, 甚至被用来作为护身符. 公元前5世纪古希腊的**毕达哥拉斯**学派, 把五角星纪念章作为颁发给学生的奖品, 而现代很多国家把五角星制在国旗上, 都说明五角星在人们心目中的地位.

非常有趣的是：正五边形和黄金分割有着不可分割的紧密联系，这使它成为体现黄金分割重要性的一个杰出的代表.

因为正五边形的内角和 $= 180° \times (5-2) = 540°$，故

$$正五边形的内角 = \frac{540°}{5} = 108°. \qquad (3.1)$$

对如图6(a)所示的正五边形 $ABCDE$，易证图中一切小的角如 $\angle BAC$，$\angle CAD$ 及 $\angle DAE$ 均等于36°，图中一切中等大小的角如 $\angle ADC$ 及 $\angle ACD$ 等均等于72°，而图中一切大的角如 $\angle EAB$ 及 $\angle AHD$ 等均等于108°，从而可得

正五边形的五条对角线均相等，

且

正五边形的任意一条对角线平行其某一边.

命题3.1 正五边形对角线与边长之比为 φ.

证 在图6(b)中，等腰三角形 $\triangle ADC$ 与 $\triangle DCH$ 相似，于是

$$\frac{\overline{AC}}{\overline{DC}} = \frac{\overline{DC}}{\overline{HC}}.$$

而

$$\overline{DC} = \overline{DH} = \overline{AH},$$

故

$$\frac{\overline{AC}}{\overline{AH}} = \frac{\overline{AH}}{\overline{HC}},$$

从而 H 为 $\overline{AC}$ 之黄金分割点，上式之比为 φ. 因此，对

于正五边形来说,

$$\frac{\text{对角线长}}{\text{边长}} = \frac{\overline{AC}}{\overline{DC}} = \varphi. \qquad \Box$$

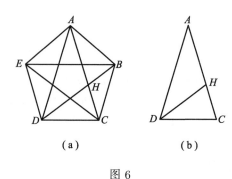

（a）　　　　　　（b）

图 6

记

a——正五边形的对角线长($\overline{AC}$).

b——正五边形的边长($\overline{DC}$).

c——正五边形黄金分割的第三项($\overline{HC}$, H 为 AC 上的黄金分割点). 有

$$\frac{a}{b} = \frac{b}{c} = \varphi. \qquad (3.2)$$

由于 $\angle HCJ = \angle HJC = 36°$, 从而 $\overline{HC} = \overline{HJ}$. 这说明 c 就是对应于此正五边形的正五角星内的小正五边形的对角线长. 见图 7.

再记

d——小正五边形的边长.

e——小正五边形黄金分割的第三项.

类似于(3.2)式, 有

$$\frac{c}{d} = \frac{d}{e} = \varphi. \tag{3.3}$$

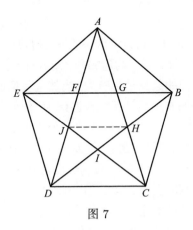

图 7

这一过程可以一直继续下去, 就得到

$$\frac{a}{b} = \frac{b}{c} = \frac{c}{d} = \frac{d}{e} = \cdots = \varphi. \tag{3.4}$$

即在正五边形的上述这一系列构图中, 每一线段与长度仅次于它的较小线段之比均为定值φ.

这说明黄金分割在正五边形的构图中几乎无所不在!

我们已经知道黄金分割率φ是一个无理数, 因而由命题3.1, 正五边形的对角线长与边长是不可公度(不可通约)的.

这里, 我们说两个线段是**可公度的**, 是指可找到一个公共的长度单位(通俗地说, 就是一把尺子), 使这两个线段的长度均是该长度单位的整数倍. 这时, 此两个线段长度的比值为有理数. 反之, 两个线段**不可公度**, 就表示找不到这样一个公共的长度单位. 这时, 此两个线段长度的比值为无理数.

在现代看来, 这是一个十分简单的概念和事实. 但在古希腊时代, 占统治地位的**毕达哥拉斯** (Pythagoras, 约公元前580—约前500)学派宣称"万物皆数", 而他们所说的数只是指整数, 当然也包括两个整数相除而得的有理数. 那时普遍认为, 任何两个线段总是可公度的, 即总可以找到一个适当小的长度单位(尺子)来公共地度量它们. 发现并不是任何两个线段都可以公度, 就打破了有理数独霸天下的局面, 意味着无理数的引入, 形成了由有理数及无理数共同组成的完备的数系——实数系. 这是人类认识史上一件石破天惊的大事, 对人类文明的发展过程有着不可估量的影响.

相传是毕达哥拉斯学派的**西帕苏斯**(Hippasus, 约公元前585—约前500)通过观察愈来愈小的正五边形, 发现正五边形的对角线长与边长不可公度, 即黄金分割率φ为无理数. 他的这一发现"背叛"了师门的信条, 他的同门因为他的"不虔诚"而将他葬身海底. 但真理是不可能被埋葬的, 他的发现最终还是得到了公认. 不可公度性及无理数很可能正是通过这样的途径而被首次发现的.

如果此说属实, 那么黄金分割率φ就应该是人们第一个知道的无理数.

下面让我们回溯到古希腊时代, 尝试用几何的

方法严格地证明这一事实, 即证明

命题3.2　正五边形的对角线长和边长不可公度.

证　用反证法. 记

s_1 ——正五边形的边长($\overline{DC}$).

d_1 ——正五边形的对角线长($\overline{AC}$).

若s_1及d_1可公度, 则存在一个长度$a > 0$, 使

$$\begin{cases} s_1 = k_1 a, \\ d_1 = h_1 a, \end{cases} \tag{3.5}$$

而 k_1 及 h_1 为正整数.

再记

s_2——小正五边形的边长($\overline{GH}$).

d_2——小正五边形的对角线长($\overline{HJ}$).

由图7, 有

$$\overline{AC} = \overline{AH} + \overline{HC} = \overline{AB} + \overline{HJ},$$

即

$$d_1 = s_1 + d_2,$$

从而

$$d_2 = d_1 - s_1. \tag{3.6}$$

再由

$$\overline{AB} = \overline{AH} = \overline{AG} + \overline{GH}$$

$$= \overline{GJ} + \overline{GH},$$

有

$$s_1 = d_2 + s_2.$$

再利用(3.6), 就得到

$$s_2 = s_1 - d_2 = 2s_1 - d_1. \tag{3.7}$$

注意到(3.5), 由(3.6)和(3.7)就得到s_2及d_2也可以用长度a来公度, 即成立

$$\begin{cases} s_2 = k_2 a, \\ d_2 = h_2 a, \end{cases} \tag{3.8}$$

而k_2及h_2为正整数.

这一过程可以继续进行下去. 对于第$n-1$个小正五边形, 其边长s_n及对角线长d_n也成立

$$\begin{cases} s_n = k_n a, \\ d_n = h_n a, \end{cases} \tag{3.9}$$

而k_n及h_n为正整数.

由于$a > 0$已取定, 而当n适当大时, s_n及d_n之值必小于a, 这就导致矛盾. 这一矛盾证明了命题3.2的正确性. □

上面已经说明了正五边形和黄金分割的密切关系. 其实, 黄金分割还和空间正多面体有紧密的联系.

我们知道: 空间有五个也只有五个正多面体, 它们是

正四面体(侧面为4个正三角形),

正六面体(侧面为6个正方形),

正八面体(侧面为8个正三角形),

正十二面体(侧面为12个正五边形),

正二十面体(侧面为20个正三角形).

见图8. 其中特别是正十二面体及正二十面体与黄金分割有密切的关系. 它们的侧面积及体积公式中都含有黄金分割率φ. 在《几何原本》第八卷中, 差不多用了整个一卷来讲这两种正多面体的构成.

图 8

四、斐波那契数列

考察下面的兔子繁殖问题. 用○表示一对小兔子, 用●表示一对大兔子.

假设

1. 一对大兔子一年生一对小兔子, 见图9(a).

2. 一对小兔子一年后长成为一对大兔子, 见图9(b).

3. 所有兔子都长生不死.

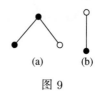

图 9

如果

第一年有一对小兔子, 记为 ○

第二年长成为一对大兔子, 记为 ●

第三年生出一对小兔子, 记为 ●○

第四年大兔子又生出一对小兔子, 原来的一对小兔子长成一对大兔子, 记为 ●○●

第五年 ●○●●○

第六年 ●○●●○●○

······
如图10所示.

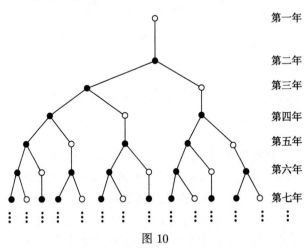

图 10

记 F_n 为第 n 年的兔子对数. 总结兔子的繁殖规律, 易见

$$F_1 = 1, F_2 = 1,$$
$$F_n = F_{n-1} + F_{n-2} \qquad (n \geqslant 3). \qquad (4.1)$$

其中(4.1)式表明: 从第三年开始,

> 每年的兔子对数 =上一年的兔子对数
>
>   + 该年新生的小兔子对数
>
>   =上一年的兔子对数
>
>   + 上一年的大兔子对数
>
>   =上一年的兔子对数
>
>   + 上上一年的兔子对数.

(4.1)式也可写成

$$F_{n+2} = F_{n+1} + F_n (n \geqslant 1). \tag{4.2}$$

由递推规则(4.1), 对于每年的兔子对数, 我们就得到如下的数列

$$1, 1, 2, 3, 5, 8, 13, 21, 34, 55, 89, 144, 233, 377,$$

$$610, 987, \cdots, \tag{4.3}$$

其中从第三项起, 每一项均等于前面二项之和. 这个数列是由生于意大利比萨的**莱昂纳多·斐波那契**首先加以研究的, 称为**斐波那契数列**.

这是一个非常有趣、有用而且有名的数列. 在著名高等学府瑞士苏黎世高等工业大学(ETH) 的大厅墙壁上就可以发现这一数列. 见图11.

图 11

在近年来的畅销小说《达·芬奇密码》中, 在雅克·索尼埃尸体旁, 在地板上留下了一串数字

$$13 - 3 - 2 - 21 - 1 - 1 - 8 - 5.$$

他的孙女意识到这是她祖父向她传达的信息. 她将这串数字按从小到大顺序排列, 就成为

$$1 - 1 - 2 - 3 - 5 - 8 - 13 - 21.$$

它来自斐波那契数列. 后来, 在开启她祖父在银行的保险柜时, 开始试了其他密码都不成功, 后来打开保险柜所用的密码就是这一数字1123581321.

图 12

斐波那契数列有很多有趣的性质, 其中最引起我们注意的是它和黄金分割率的关系. 要说明这一点, 我们来计算一下此数列中连续两项的比率: $\dfrac{F_{n+1}}{F_n}(n \geqslant 1)$. 它们分别是

$$\frac{F_2}{F_1} = \frac{1}{1} = 1.00000000, \qquad \frac{F_3}{F_2} = \frac{2}{1} = 2.00000000,$$

$$\frac{F_4}{F_3} = \frac{3}{2} = 1.50000000, \qquad \frac{F_5}{F_4} = \frac{5}{3} \approx 1.66666666,$$

$$\frac{F_6}{F_5} = \frac{8}{5} = 1.60000000, \qquad \frac{F_7}{F_6} = \frac{13}{8} = 1.62500000,$$

$$\frac{F_8}{F_7} = \frac{21}{13} \approx 1.61538462, \qquad \frac{F_9}{F_8} = \frac{34}{21} \approx 1.61904762,$$

$$\frac{F_{10}}{F_9} = \frac{55}{34} \approx 1.61764706, \qquad \frac{F_{11}}{F_{10}} = \frac{89}{55} \approx 1.61818182,$$

$$\frac{F_{12}}{F_{11}} = \frac{144}{89} \approx 1.61797753, \qquad \frac{F_{13}}{F_{12}} = \frac{233}{144} \approx 1.61805556,$$

$$\frac{F_{14}}{F_{13}} = \frac{377}{233} \approx 1.61802571, \qquad \frac{F_{15}}{F_{14}} = \frac{610}{377} \approx 1.61803714,$$

$$\frac{F_{16}}{F_{15}} = \frac{987}{610} \approx 1.61803279, \qquad \frac{F_{17}}{F_{16}} = \frac{1597}{987} \approx 1.61803445.$$

我们看到, 这个比率随 n 的增大, 从 φ 的左、右两侧愈来愈接近于 φ (最后两式中小数点后前五位数都与 $\varphi \approx 1.6180339887$ 的相同). 这使我们猜测应有以下的

命题4.1 当 $n \to \infty$ 时,

$$\frac{F_{n+1}}{F_n} \to \varphi. \tag{4.4}$$

证 由命题2.2, φ值可表示为无穷连分数的形式:

$$\varphi = 1 + \cfrac{1}{1 + \cfrac{1}{1 + \cfrac{1}{1 + \cdots}}}.$$

将此连分数逐项截断, 依次可得

$$1,$$

$$1 + \frac{1}{1} = \frac{2}{1},$$

$$1 + \cfrac{1}{1 + \cfrac{1}{1}} = \frac{3}{2},$$

$$1 + \cfrac{1}{1 + \cfrac{1}{1 + \cfrac{1}{1}}} = \frac{5}{3},$$

$$1 + \cfrac{1}{1 + \cfrac{1}{1 + \cfrac{1}{1 + \cfrac{1}{1}}}} = \frac{8}{5},$$

$$1 + \cfrac{1}{1 + \cfrac{1}{1 + \cfrac{1}{1 + \cfrac{1}{1 + \cfrac{1}{1}}}}} = \frac{13}{8}.$$

....

这些都和斐波那契数列逐项之比相同. 这就启发我

们: 应该成立

$$1 + \cfrac{1}{1 + \cfrac{1}{1 + \cfrac{1}{\ddots \atop{\displaystyle 1 + \cfrac{1}{1 + \cfrac{1}{1}}}}}} = \frac{F_{n+1}}{F_n} \ (n \geqslant 1). \tag{4.5}$$

$$\underbrace{\qquad\qquad\qquad\qquad\qquad}_{n\text{个}1}$$

利用(4.2)式及数学归纳法, 可以严格地证明这一结论(对此有兴趣的读者, 可将其作为一个习题).

有了(4.5)式, 由命题2.2就立刻得到命题4.1. □

注4.1 这一事实最初为**开普勒**于1611年指出, 但严格的证明要晚好多年.

斐波那契数列还有下面一些有趣的性质, 它们都可以由(4.2)式利用数学归纳法证明(对此有兴趣的读者, 同样可将它们作为习题).

命题4.2 成立

$$F_1 + \cdots + F_n = F_{n+2} - 1. \tag{4.6}$$

命题4.3 成立

$$F_1 + F_3 + \cdots + F_{2n-1} = F_{2n} \tag{4.7}$$

及

$$F_2 + F_4 + \cdots + F_{2n} = F_{2n+1} - 1. \tag{4.8}$$

命题4.4 成立

$$F_n + F_{n+1} + \cdots + F_{n+9} = 11F_{n+6}. \tag{4.9}$$

命题4.5 成立

$$F_1^2 + F_2^2 + \cdots + F_n^2 = F_n F_{n+1}. \tag{4.10}$$

命题4.6 成立

$$F_n F_{n+2} = \begin{cases} F_{n+1}^2 - 1, & n\text{为偶数}, \\ F_{n+1}^2 + 1, & n\text{为奇数}. \end{cases} \tag{4.11}$$

命题4.7 成立

$$F_1 F_2 + F_2 F_3 + \cdots + F_{n-1} F_n = \begin{cases} F_n^2, & n\text{为偶数}, \\ F_n^2 - 1, & n\text{为奇数}. \end{cases} \tag{4.12}$$

作为(4.12)式的一个应用, 在 $n = 8$ 时, 七个依次的矩形之和等于一个大的正方形. 如图13.

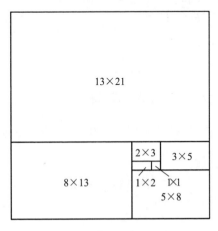

图 13

命题4.8 令

$$a = F_n F_{n+3}, b = 2F_{n+1}F_{n+2}, c = F_{n+1}^2 + F_{n+2}^2,$$
$$(4.13)$$

则a, b, c构成勾股数, 即成立

$$a^2 + b^2 = c^2. \qquad (4.14)$$

斐波那契数列是用递推关系式(4.1) 得到的. 现在考虑下面的问题: 对任意给定的正整数n, 如何不用递推关系式而直接得到F_n的表达式?我们有

命题4.9 成立

$$F_n = \frac{1}{\sqrt{5}}\left[\varphi^n - \left(-\frac{1}{\varphi}\right)^n\right] \quad (n \geqslant 1). \qquad (4.15)$$

证 由(4.1)式, 成立

$$\begin{cases} F_n - F_{n-1} - F_{n-2} = 0 \quad (n = 3, 4, \cdots), \\ F_1 = F_2 = 1. \end{cases} \qquad (4.16)$$

求形如

$$F_n = \lambda^{n-1} \qquad (4.17)$$

的解. 代入(4.16)的第一式, 得

$$\lambda^{n-1} - \lambda^{n-2} - \lambda^{n-3} = 0 \quad (n = 3, 4, \cdots).$$

因$\lambda \neq 0$, 故得

$$\lambda^2 - \lambda - 1 = 0, \qquad (4.18)$$

即

$$\lambda = \varphi, \quad -\frac{1}{\varphi}, \qquad (4.19)$$

从而 φ^{n-1} 及 $\left(-\dfrac{1}{\varphi}\right)^{n-1}$ 为(4.16) 第一式的两个解. 由于(4.16) 的第一式是线性方程, 这两个解的常系数线性组合

$$F_n = C_1 \varphi^{n-1} + C_2 \left(-\frac{1}{\varphi}\right)^{n-1} \qquad (4.20)$$

仍为其解, 其中 C_1, C_2 为待定常数.

现在利用(4.16) 的第二式来决定待定常数. 把(4.20) 代入(4.16) 中的第二式, 得

$$\begin{cases} C_1 + C_2 = 1, \\ C_1 \varphi - \dfrac{C_2}{\varphi} = 1. \end{cases} \qquad (4.21)$$

于是可求出

$$C_1 = \frac{1}{\sqrt{5}} \varphi, \qquad C_2 = -\frac{1}{\sqrt{5}} \left(-\frac{1}{\varphi}\right). \qquad (4.22)$$

把它们代入(4.20), 就得到(4.15)式. $\qquad\qquad\square$

注4.2 公式(4.15)又一次揭示了斐波那契数列与黄金分割的联系, 该式右端的表达式中出现了黄金分割率 φ 的幂次, 尽管 φ 为无理数, 最后所得的值却为整数.

注4.3 当 n 相当大时, (4.15)式右端第二项很小, 可以略去不计, 从而可得

$$F_n \approx \frac{1}{\sqrt{5}} \varphi^n. \qquad (4.23)$$

例如, 对 $n = 10$,

$$F_{10} \approx \frac{1}{\sqrt{5}} \varphi^{10} \approx 55.0036, \quad 故 F_{10} = 55.$$

注4.4 由(4.15)式,就有

$$\lim_{n \to +\infty} \frac{F_{n+1}}{F_n} = \lim_{n \to +\infty} \frac{\varphi^{n+1}}{\varphi^n} = \varphi.$$

这就是命题4.1的结论.

注4.5 **欧拉** (L. Euler, 1707—1783), **棣莫弗** (A. de Moivre, 1667—1754)等人, 已经知道公式(4.15). 到19世纪中期, 法国数学家**雅克·菲立普比内** (1786—1856) 重新发现了这一公式.

利用命题4.9, 就可以方便地解决下面的

问题: 某人可以一步登一个台阶, 也可以一步登二个台阶, 问他登上 n 个台阶的方式共有多少种?

解答: 设此人登上 n 个台阶的方式有 a_n 种.

若第一步登了一阶, 则登上 n 阶的方式有 a_{n-1} 种; 而若第一步登了二阶, 则登上 n 阶的方式有 a_{n-2} 种, 于是

$$a_n = a_{n-1} + a_{n-2} \quad (n \geqslant 3). \tag{4.24}$$

又显然有

$$a_1 = 1, a_2 = 2. \tag{4.25}$$

这本质上仍是斐波那契数列, 但删去了(4.3)中的第一项. 于是, 这里的 a_n 就相当于 F_{n+1}, 由命题4.9,

$$a_n = \frac{1}{\sqrt{5}} \left[\varphi^{n+1} - \left(-\frac{1}{\varphi} \right)^{n+1} \right] \quad (n \geqslant 1). \tag{4.26}$$

五、优 选 法

假设在区间[0,1]上有一个单峰函数(图14)

$$y = f(x),$$

我们要求其达到极大值的点x_0. 这是一个在应用中经常会遇到的课题, 例如寻找最优配方、调试仪器的最佳工作点, 等等.

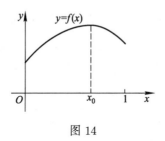

图 14

然而在应用中, 我们虽然对每个给定的x值, 可以测到相应的函数值$f(x)$, 但往往并不知道函数的表达式及具体图像. 在这样的情况下, 如何找到取极大值的点x_0, 也就是找到最优的选择呢?

当然, 我们可以在区间[0, 1]上作一系列的分点

$$x_0 = 0, \quad x_1 = \frac{1}{n}, \quad \cdots, \quad x_i = \frac{i}{n}, \quad \cdots, \quad x_n = 1,$$

并测出在这些点上的函数值

$$f(x_0), \quad f(x_1), \quad \cdots, \quad f(x_i), \quad \cdots, \quad f(x_n).$$

据此就可画出此函数的大致图像, 从而近似地找到所求的极大值点. 但这种做法颇费时、费力, 是不可取的.

下面的方法是美国数学家Kiefer于1953年首先提出的, 后为**华罗庚**教授在20世纪六、七十年代大力提倡, 并取名为"优选法".

在区间[0, 1]上按一定的原则取两点 $P < Q$, 比较 $f(P)$ 及 $f(Q)$ 的大小. 若

$$f(P) > f(Q),$$

则在单峰函数的情形只有下面两种情形:

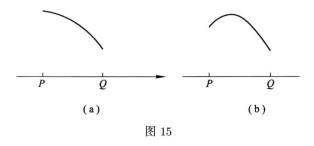

（a）　　　　　　　　（b）

图 15

因此, 在区间[Q, 1]上的函数肯定没有机会取到最大值, 可以不予考虑. 这样, 原来要考虑区间[0, 1], 现在一下子缩小为只需考虑区间[0, Q].

类似地, 若

$$f(P) < f(Q),$$

就只需考虑区间$[P, 1]$. 这两种情形的处理完全是对称的, 因此, 这两个点P及Q应关于区间的中点对称地配置.

对缩小的区间又可重复上面的做法, 即用同样的原则取其中的两个点, 并比较其上的函数值. 但这时, 原来P和Q两个点中还有一个点在这个缩小的区间中, 其上已求得的函数值应该加以利用. 为了能做到这一点, 只要P, Q两点中剩下的这一个点在缩小的区间上仍符合选点的原则就可以了. 这样, 在缩小的区间上只需再测量一个点的函数值并进行比较就够了.

因此, 在一个区间上取两个点的原则是: **这两个点应该关于区间的中点对称配置, 同时, 其中的任何一个点应同时是缩小区间中的一个这样的点.**

下面我们来确定一下这两个点P和Q应是什么点?

设线段总长$\overline{AB} = 1$, 并设大段长度$\overline{AP} = x$ $(0 < x < 1)$, 即大段长度为线段总长的x倍:

$$\frac{\overline{AP}}{\overline{AB}} = x,$$

从而小段长度$\overline{PB} = 1 - x$. P点关于区间**中点的对称点**记为Q, 见图16, 就有

$$\overline{AQ} = \overline{PB} = 1 - x.$$

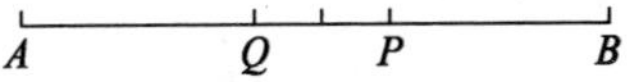

图 16

在缩小的区间$[A, P]$(其长度为x)上,要求剩下来的点Q仍符合原先的分割要求,即相应的大段长度为区间总长的x倍(见图17),从而成立

$$\overline{AQ} = x \times \overline{AP} = x^2.$$

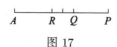

图 17

由$\overline{AQ}$的上述两个表达式,可知x应满足

$$x^2 = 1 - x,$$

即

$$x^2 + x - 1 = 0. \tag{5.1}$$

从而

$$x = \frac{-1 + \sqrt{5}}{2} = \varphi - 1 \approx 0.618, \tag{5.2}$$

而

$$1 - x = 2 - \varphi \approx 0.382. \tag{5.3}$$

于是, 在图16中, $\overline{AP} \approx 0.618, \overline{PB} \approx 0.382$. 正因为此, 优选法常被称为0.618法.

此时, 原线段之全长与大段长之比为

$$\frac{1}{x} = \frac{1}{\varphi - 1}, \tag{5.4}$$

而大段长与小段长之比为

$$\frac{x}{1 - x} = \frac{\varphi - 1}{2 - \varphi}. \tag{5.5}$$

由黄金分割率φ所满足的方程

$$\varphi^2 - \varphi - 1 = 0,$$

易知这两个比值均等于φ.

　　因此, 用优选法在一个区间中所选的两个点, 就是此区间上的左、右黄金分割点. 换言之, 优选法就是基于黄金分割的选优法.

六、生活中的黄金分割

在我们的日常生活中, 几乎处处可以见到黄金分割的影子. 下面举几个很普通的例子.

1. 黄金矩形　长 a 与宽 b 之比等于 φ 的矩形称为黄金矩形.

太方正的矩形或太扁平的矩形显然在视觉上不会带来美感. 人们认为长宽之比等于黄金分割率 φ 的矩形是所有矩形中最有美感的.

有位心理学家曾做过一项试验. 他精心设计制造了很多各种尺寸的矩形, 请人从中挑选认为最美的矩形, 结果有四个矩形被多数人认为是最美的, 它们看上去边长协调而匀称, 能给人一种舒美的感受. 经测量, 它们的两边边长比分别为

8比5, 13比8, 21比13, 34比21,

这就是说, 它们都接近黄金矩形(参见命题4.1).

此外, 利用 φ 所满足的方程

$$\varphi^2 - \varphi - 1 = 0$$

容易证明: 在黄金矩形中截去以宽的长度为边的正方形, 剩下来的矩形仍是黄金矩形. 这一过程可以一直继续下去, 就得到一系列的黄金矩形, 称为黄金矩形套. 见图18.

2. 人体画家和雕塑家认为, 人的身高与其肚脐高度之比接近于黄金分割率φ, 肚脐高度与膝盖高度之比也接近于黄金分割率φ. 这大概是标准身材的一个判定指标. 不信, 大家可以自己测量一下.

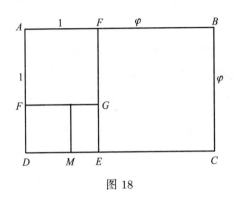

图 18

3. 拍照时, 把人放在正中或太靠边, 都不是最佳的选择. 最佳的位置是靠近黄金分割点的位置, 在拍照时应注意这一点.

同样的, 有经验的报幕员上台亮相, 决不会站在舞台的边角或中央, 而是站在舞台宽度的黄金分割点上, 这样, 既不鬼鬼祟祟, 又不喧宾夺主, 显得落落大方, 再加上靓丽的服饰和甜美的嗓音, 一定会给观众留下美好的印象.

4. 生物学家发现, 植物界中的某些数量分布也是遵循斐波那契数列的.

植物的叶子在茎上的排列呈螺旋形上升. 1611年德国的天文学家**开普勒**及其后的人们发现, 如果把位于枝干或茎的周围在同一方位上的最近的两片叶子分别看成一个周期的开始和结束, 在这个周期内可能有很多叶子, 它们沿着枝干或茎绕了好多圈. 记一个周期中叶子的总数为m, 而这个周期中叶子所绕的总圈数为n, 考察分数

$$f = \frac{n}{m},$$

就会发现这个分数的分子和分母都是与斐波那契数列有关的数. 例如, 榆树的$f = \frac{1}{2}$, 这就是说, 每个周期中只有2片叶子, 且正好绕了一圈. 山毛榉的$f = \frac{1}{3}$(每周3片, 绕一圈). 樱桃、橡树的$f = \frac{2}{5}$(每个周期中有5片叶子, 它们绕了二圈才结束一个周期). 梨树的$f = \frac{3}{8}$(每周8片, 绕三圈). 柳树的$f = \frac{5}{13}$(每周13片, 绕五圈)……这些比值的分子为1, 1, 2, 3, 5, …; 分母为2, 3, 5, 8, 13, …, 它们都是斐波那契数列中的数.

5. 一些绘画及建筑的比例也近似地符合黄金分割的要求.

在很长的一段历史时期里, 黄金分割的观点一直统治着西方建筑美学. 古希腊的帕提侬神庙, 从外形上看, 宽与高之比就接近于φ. 对其他一些著名的建筑, 也有类似的情况.

达·芬奇所画的《维特鲁威人》, 见图19, 画名是根据罗马建筑家**马克·维特鲁威**的名字而选取的. 这位建筑家在其著作中盛赞黄金分割, 而达·芬奇是在绘画中充分注意到线条比例的一位画家. 欧元的硬币在欧盟的各个国家中虽然大小尺寸相同, 但

所附的图案各国不一样. 在意大利, 一欧元硬币的图案就是达·芬奇的这一画像.

当然, 在艺术、音乐等领域中, 各人的主观感觉起着重要作用, 说一定要严格地符合黄金分割的原则, 恐怕过于牵强附会, 能够符合到"八九不离十"的地步, 就很不错了. 因此, 我们说黄金分割无处不在, 这是一个事实. 但也不能机械地、形而上学地去理解, 认为连小数点后面第几位都应该完全符合, 这样的"削足适履"反而会闹出笑话, 也不利于创造性的思维. 能大致符合黄金分割的原则, 就足以使人赞叹了.

图 19

参 考 文 献

[1] Mario Livio. φ的故事——解读黄金比例[M]. 刘军, 译, 长春: 长春出版社, 2003.

[2] Dan Brown. 达·芬奇密码[M]. 朱振武, 吴晟, 周元晓,译. 上海: 上海人民出版社, 2004.

[3] 华罗庚. 优选法平话及其补充[M]//华罗庚科普著作选集. 上海: 上海教育出版社, 1984.

[4] 伏洛别也夫. 斐波那契数[M]. 高彻, 译. 北京: 开明书店, 1953.

[5] 欧几里得. 几何原本[M]. 兰纪正, 朱恩宽, 译. 西安: 陕西科学技术出版社, 2003.

郑重声明

读者意见反馈

为收集对教材的意见建议，进一步完善教材编写并做好服务工作，读者可将对本教材的意见建议通过如下渠道反馈至我社。

咨询电话　400-810-0598
反馈邮箱　hepsci@pub.hep.cn
通信地址　北京市朝阳区惠新东街4号富盛大厦1座
　　　　　高等教育出版社理科事业部
邮政编码　100029